U0345672

国门生物安全科普丛书

危险！不可不知的杂草

曹际娟　王耀◎编著

中国文联出版社

图书在版编目(CIP)数据

危险!不可不知的杂草 / 曹际娟, 王耀编著. -- 北京 : 中国文联出版社, 2023.6

ISBN 978-7-5190-5194-5

Ⅰ. ①危... Ⅱ. ①曹... ②王... Ⅲ. ①有害植物—基本知识 Ⅳ. ①S45

中国国家版本馆CIP数据核字(2023)第097996号

危险!不可不知的杂草

编　　著: 曹际娟 王耀
责任编辑: 张超琪 黄雪彬
插图设计: 三米田创意美术
责任校对: 仲济云
图书装帧: 三米田创意美术
排版设计: 三米田创意美术

出版发行: 中国文联出版社有限公司
社　　址: 北京市朝阳区农展馆南里10号 邮编:100125
网　　址: http://www.clapnet.cn
电　　话: 010-85923091(总编室) 010-85923058(编辑部)
经　　销: 全国新华书店等
印　　刷: 三河市宏达印刷有限公司

开　　本: 787毫米 x 1092毫米　1/8
印　　张: 9.75
字　　数: 65千
版　　次: 2023年6月第1版
　　　　　2023年6月第1次印刷
书　　号: ISBN 978-7-5190-5194-5
定　　价: 98.00 元

版权所有　侵权必究

如有印刷质量问题, 请与本社发行部联系调换

《危险！不可不知的杂草》
编写委员会

编著：

曹际娟 大连民族大学

王 耀 大连海关

参编人员及工作单位：

胡冰 大连民族大学

郑秋月 大连民族大学

朴永哲 大连民族大学

尹新颖 大连民族大学

马超 大连民族大学

王红岩 大连民族大学

高子惠 大连民族大学

崔健 大连民族大学

张莹 大连民族大学

赵晨晨 河南农业大学

李澜萍 河南农业大学

胡紫薇 河南农业大学

韩宗礼 大连海关

插画创作学生：

1 李奕含（7岁）- 紫茎泽兰

2 徐子小（5岁）- 薇甘菊

3 刘子萌（8岁）- 豚草

4 李玺峰（7岁）- 毒麦

5 毛棣（8岁）/杨添（8岁）-飞机草

6 刘施彤（7岁 ）- 刺蒺藜草

7 王浚宁（8岁）- 黄顶菊

8 朱灏瑞（7岁）- 假高粱

9 李浩辰（6岁）/ 徐洋金汐（6岁）- 加拿大一枝黄花

10 张宇喆（7岁）- 五爪金龙

11蔡雨涵（9岁）- 日本菟丝子

12 赵广润（7岁）- 空心莲子草

13 高瑞禧（7岁）- 互花米草

14 娄米（6岁）/王露晨（岁）- 水葫芦

15 刘允齐（6岁）/顾笑瑜（8岁）- 马缨丹

16 王庭婧（5岁）/李若涵（6岁）- 三裂叶豚草

17 许友珊（7岁）/王晨晰（9岁）- 大薸

18 张闫聪（老师）- 银胶菊

19 陈宇雁（9岁）/刘也牧（6岁）- 刺苋

20 王诺涵（5岁）/王陆阳（7岁）- 假臭草

21 秦梓萌（6岁）- 长芒苋

22 逄昕然（8岁）- 节节麦

23 马兆成（7岁）- 刺萼龙葵

24 张竞文（7岁）- 齿裂大戟

25 薛世安（7岁）/王夕文（8岁）- 虎杖

26 钱希妍（8岁）/栾峻杰（6岁）- 金姜花

27 曹宇辰（7岁）- 风筝果

28 程安幂（6岁）- 白茅

29 赵书玄（8岁）- 粗壮女贞

30 黄观颐（7岁）/王冠伊（7岁）- 千屈菜

31 丁梓珊（6岁）- 含羞草

32 王艺涵（8岁）/张修亦（7岁）- 缩刺仙人掌

33 李恩熙（9岁）/刘倚杉（9岁）- 葛麻姆

34 高瑞禧（7岁）- 大米草

35 王珺宜（6岁）- 南美蟛蜞菊

总序

每个孩子都需要有一本绘本,来为其解答有关我们这个世界的问题:世界是如何形成的,为什么太阳会发光,植物靠什么生长,又为什么各有不同……这种早期对知识的渴求,如果得到适当激发,可以发展成终身的探索和追求。

本次我们邀请到了三米田全国各校区5~9岁的小小插画师们,历时整个寒假,共同完成了本次绘本插画部分的创作,以当下比较时尚且受欢迎的水彩手绘方式展现,以期待读者能有更加直观而形象的认识和眼前一亮的感觉。本书在选取描述对象时,主要基于我国生态环境、农业农村、林业草原、海关等有关政府主管部门颁布的《中国外来入侵物种名单》(共4批)、《国家重点管理外来入侵物种名录》、《全国林业检疫性有害生物名单》、《中华人民共和国进境植物检疫性有害生物名录》以及世界自然保护联盟(IUCN)公布的世界100种最危险外来入侵物种名录。综合考虑以上各名录的交集及入侵物种的危害性,最终选取了具有代表性的外来入侵杂草35种,其中包括菊科10种、禾本科7种、苋科3种、旋花科2种、豆科2种以及雨久花科、马鞭草科、天南星科、茄科、大戟科、蓼科、姜科、金虎尾科、木樨科、千屈菜科、仙人掌科各1种。每种外来入侵物种在介绍时,分别描述了分类地位、形态特征及主要危害。

孩子们从对35种植物的求知懵懂到熟知不同生长状态及危害,从初稿的反复擦拭到下笔上色的果断熟练,从焦急地等待出版到收到打样后的惊喜满满……三米田的孩子们做到了,在童年拥有了一本自己参与创作的书籍。

我们希望可以通过此绘本加强国民意识,防治外来物种入侵威胁国家生物安全和生态安全。依法全链条防治外来入侵物种,既需要海关强化口岸防控,依法严惩非法引进、携带、寄递、走私外来物种等违法行为;也需要相关部门对发现的外来入侵物种及时处置,防止其进一步扩散危害;更需要加强宣传教育与科学普及,让公众了解外来入侵物种可能造成的严重社会危害,从而不随意引进、不盲目放生。只有多方努力形成合力,才能有效防控外来物种入侵,守护好我们赖以生存的家园。

本书的编写出版离不开各方的大力支持和共同努力。但由于编写组水平有限、编写时间也较为紧张,书中不足之处在所难免,敬请广大业内人士及读者不吝赐教,以期进一步修订提高。

编者

2023年06月17日

目 录

独霸一方的破坏草
—— 紫茎泽兰

Eupatorium adenophorum（**Spreng**）

分类地位：

菊科 Compositae；泽兰属 *Eupatorium;*

形态特征：

生活型：多年生草本或成半灌木状；

茎：紫色，被白色或锈色短柔毛；

叶：叶对生，叶片呈三角状菱形，叶边缘呈锯齿状；

花：总苞呈钟状或狭钟状，40~50朵小花簇拥生长；

果：果实黑褐色，长1.2~1.5毫米，长椭圆形。

主要危害：

紫茎泽兰又称“破坏草”，它的根部会分泌毒性物质，抑制其他植物生长。它还会和周围的植物争夺水分、养料和阳光，因此在紫茎泽兰经过的地方，其他植物片草不留。

而紫茎泽兰最为“可怕”之处在于它可以根据不同的自然环境调节生长，叶片可多可少、可大可小、可绿可红，完全根据周围环境来调节自身的外表形态，并进行灵活的营养分配。

紫茎泽兰仗着自身强大的能力，将原有植物全部“排挤在外”，自己“独霸一方”。

死亡缠绕杀手
—— 薇甘菊
Mikania micrantha (Kunth)

分类地位：

菊科 Compositae；假泽兰属 *Mikania;*

形态特征：

生活型：多年生草质或稍木质藤本；

茎：细长，匍匐或攀缘；多分枝，被短柔毛或几乎无毛；

叶：叶对生，叶片薄，呈卵形或心形，边缘呈锯齿状；

花：花朵在花序轴上紧密生长呈“伞房状”分枝，每一分枝又形成一个伞房花序；花冠白色，花序顶生或侧生；

果：棕黑色，长1.0~2.5毫米，果体表面具有腺体和稀疏的短白刺毛。

主要危害：

薇甘菊被称为“植物杀手”，它繁殖力强，以“死亡缠绕”作为“杀手锏”。

其“可怕”之处在于可以攀缘缠绕乔灌木植物，阻碍附主植物光合作用，争夺水分与营养，从而造成乔灌木植物的死亡。

薇甘菊所到之处均被覆盖，周围植物“苦不堪言”，只留下它“独占一方”。

疯狂植物杀手
—— 豚草

Ambrosia artemisiifolia (L.)

分类地位：

菊科 Compositae；豚草属 *Ambrosia;*

形态特征：

生活型：一年生草本；

茎：直立，上部有圆锥状分枝，有棱，被疏生密糙毛；

叶：下部叶片相对生长，具短叶柄，叶片分裂呈“羽毛状”即二次羽状分裂，上部叶每片叶沿着各茎节向上生长即互生，无柄，羽状分裂；

花：花冠淡黄色；花药卵圆形；花柱不分裂，顶端膨大呈“画笔状”，多数小花集生于一花托上，形成状如“头”的头状花序；

果：果实倒卵形，无毛，藏于坚硬的总苞中。

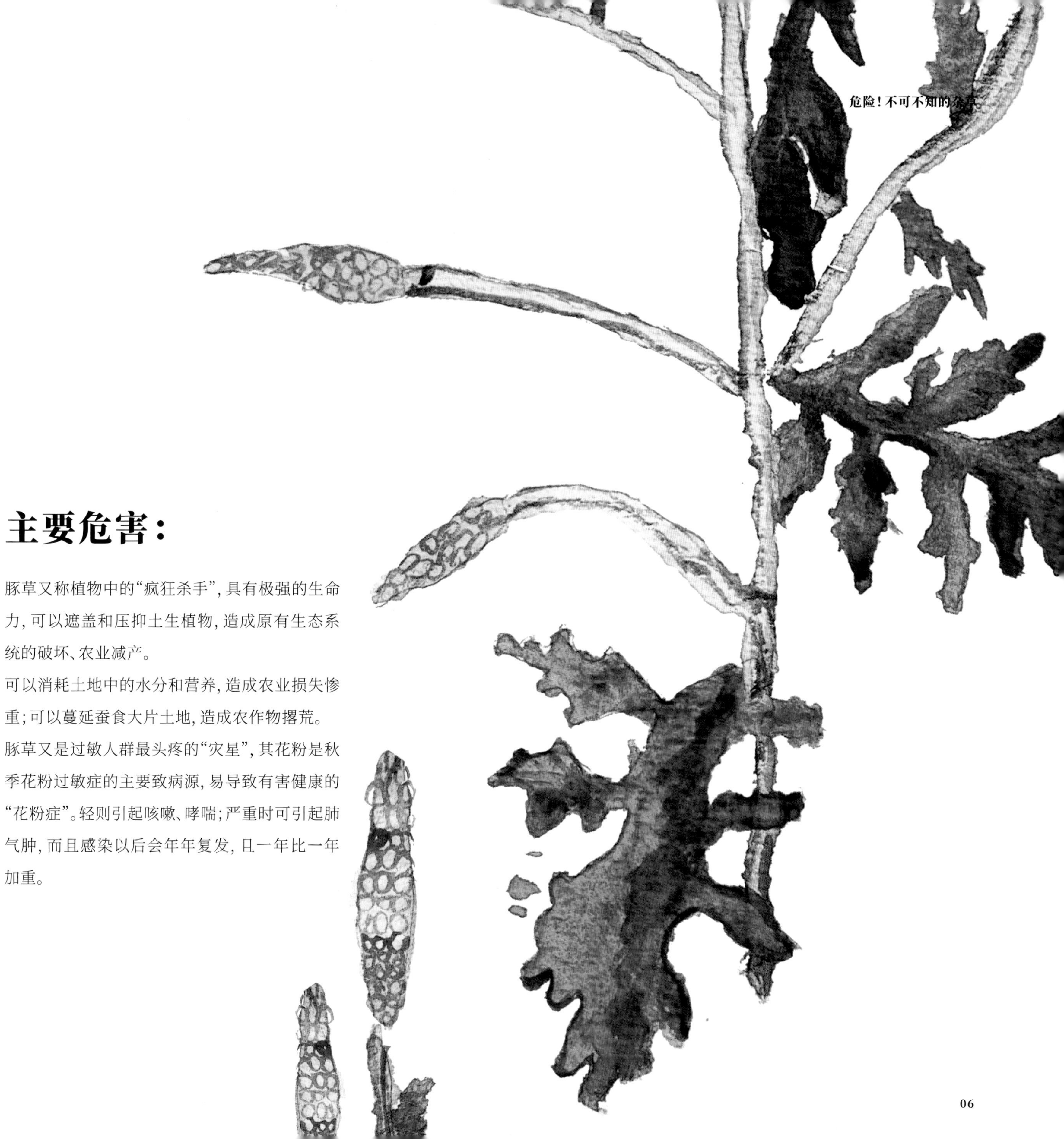

主要危害：

豚草又称植物中的“疯狂杀手”，具有极强的生命力，可以遮盖和压抑土生植物，造成原有生态系统的破坏、农业减产。

可以消耗土地中的水分和营养，造成农业损失惨重；可以蔓延蚕食大片土地，造成农作物撂荒。

豚草又是过敏人群最头疼的“灾星”，其花粉是秋季花粉过敏症的主要致病源，易导致有害健康的“花粉症”。轻则引起咳嗽、哮喘；严重时可引起肺气肿，而且感染以后会年年复发，且一年比一年加重。

麦田中的大毒瘤
—— 毒麦

Lolium temulentum (L.)

分类地位：

禾本科 Poaceae；黑麦草属 *Lolium;*

形态特征：

生活型：一年生草本；

茎：直立，无毛，具3~5节；

叶：叶片线形，长10~50厘米，宽4~11毫米，质地较薄，无毛或微粗糙；

花：小花长6~9毫米，宽2.2~2.8毫米，椭圆形或长椭圆形，粗短而膨胀，稃片淡黄色或黄褐色；

果：颖果长4~6毫米，宽1.8~2.5毫米，厚1.5~2.5毫米，黄褐色、灰褐色，椭圆形，背面圆形。

主要危害：

毒麦又称“麦田中的大毒瘤”，生于麦田中，影响小麦的生长，降低麦子的产量和质量。

毒麦如其名“奇毒无比”，它的“王牌招数”就是可以产生毒麦碱，人、畜食后都能中毒。轻者引起头晕、昏迷、呕吐、痉挛等症，重则甚至可导致视力障碍。

草场上的“小霸王”——飞机草

Chromolaena odorata (L.) R. M. King & H. Rob.

分类地位：

菊科 Compositae；飞机草属 *Chromolaena;*

形态特征：

生活型：一年生或多年生草本植物；

茎：茎绿色，茎和茎上的分枝呈直角，常对着生长，茎上长满了黄色柔毛；

叶： 叶成对排列生长，卵形、三角形或卵状三角形，长4~10 厘米，叶片薄薄得像纸一样，三角形，叶的边缘有发梳似的小齿；

花：花梗长满了柔毛，每个花梗上有很多向上生长的花苞，花苞圆柱形，像瓦片一样排列，外层苞片形如鸡蛋，是卵形的；

果：果实成熟时黑褐色，沿着果实上的棱生长出稀疏的白色柔毛。

主要危害：

飞机草是草场上的“小霸王”，对周围的植物不友好，因为飞机草能产生一种危害周围植物的物质，这种物质能排挤当地的植物，使草场失去利用价值，影响树木的生长和更新。

飞机草是有毒的，它会引起人的皮肤炎症和引发过敏反应，如果不小心吃下它的嫩叶会引起头晕、呕吐。

作物中的大恶霸
——刺蒺藜草

Cenchrus echinatus (L.)

分类地位:

禾本科 Poaceae; 蒺藜草属 *Cenchrus;*

形态特征:

生活型:一年生草本;

茎:秆高约50厘米, 基部膝曲或横卧地面, 在节处生根, 下部节间短且常具分枝;

叶:叶鞘松弛, 叶舌短小, 叶片线形, 质地柔软, 上面粗糙, 无毛或疏被长柔毛;

花:小花沿花轴自下而上依次生长形成直立的总状花序; 外形呈稍扁圆球形, 宽与长近相等, 刚毛在刺苞上轮状着生;

果:椭圆状扁球形, 长2~3毫米, 背腹压扁, 种脐点状。

主要危害：

刺蒺藜草是花生、甘薯等多种作物地和果园中的一种危害严重的杂草，是作物地和果园中的“大恶霸”，它“强势”侵入裸露的或新开垦的土地后，能很快扩充占领空隙，降低生物多样性。

刺蒺藜草又是潜在的“伤人利器”，其刺苞可刺伤人和动物的皮肤，混在饲料或牧草里能刺伤动物的眼睛、嘴巴和舌头。

生态杀手
—— 黄顶菊

Flaveria bidentis (L.) Kuntze

分类地位:

菊科 Compositae; 黄顶菊属 *Flaveria;*

形态特征:

生活型: 一年生草本;

茎: 茎直立, 具有数条纵沟槽, 茎下部木质, 常带紫色, 无毛或被微绒毛;

叶: 单叶交互对生, 亮绿色, 呈长椭圆形至披针状椭圆形, 边缘具有稀疏而整齐的锯齿;

花: 多个只有米粒大小的花朵于主枝及分枝顶端密集成"蝎尾状"聚伞花序, 花冠鲜艳, 花鲜黄色;

果: 果实为瘦果, 黑色, 倒披针形或近棒状, 无冠毛。

主要危害：

黄顶菊又被称为“生态杀手”，能产生一种化感物质，抑制其他植物的生长，严重挤占其他植物的生存空间，严重影响其他植物的生长。

它所到之处“片甲不留”，一旦入侵农田，将威胁农牧业生产及生态环境安全。

植物界“打不死的小强”——假高粱

Sorghum halepense (L.) Pers

分类地位：

禾本科 Poaceae；蜀黍属 *Sorghum;*

形态特征：

生活型：多年生草本；

株：高25~35厘米，径1~2毫米，具3至多节，节上近无毛；

叶：叶片线形，叶鞘短于节间，或上部者长于节间，具细柔毛，边缘较密；

花：圆锥花序，总状花序轴与小穗柄具丝状毛；无柄小穗椭圆状披针形；外形酷似高粱；

果：果实倒卵形或椭圆形，表面乌黑而无光泽。

主要危害：

假高粱是植物界“打不死的小强”，其危害严重又难以防治，它的分泌物及腐烂的叶子、地下茎、根等，能抑制作物种子萌发和籽苗生长。

一旦侵入农田，由于其具有极强的繁殖力、适应性及竞争性，会使农作物大幅减产。此外，它“老实”的外表下包藏着奇毒无比的“内心”，其嫩芽聚积有氰化物，牲畜食后易受毒害。

臭名昭著的霸王花
——加拿大一枝黄花
Solidago canadensis (L.)

分类地位:

菊科 Compositae; 一枝黄花属 *Solidago;*

形态特征:

生活型: 多年生草本;

茎: 茎直立, 长根状, 高达2.5米, 常呈紫红色;

叶: 叶披针形或线状披针形, 互生, 长5~12厘米, 边缘具有锐齿;

花: 鲜黄色, 多数小花在花轴上聚集形成展开的圆锥状花序, 呈蝎尾状;

果: 果实上有茸毛, 浅黄色或白色。

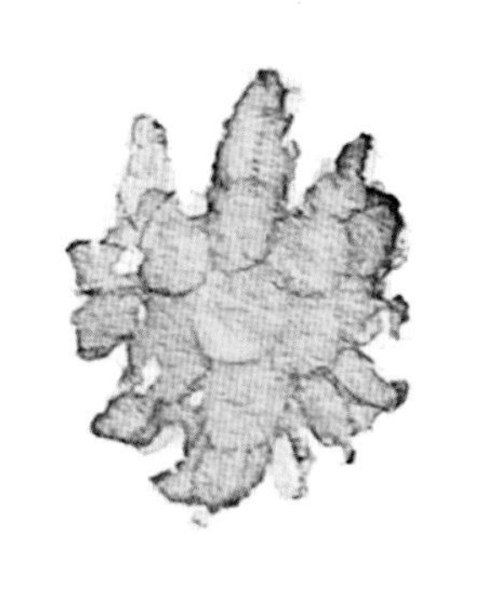

主要危害：

加拿大一枝黄花又称“霸王花”，能分泌抑制幼苗生长的物质，可以抑制包括自身在内的草本植物发芽。

其在秋季依然茂盛，花黄叶绿，而且地下根茎继续横走，不断蚕食其他杂草的领地，把周边“邻居”赶尽杀绝，严重威胁本土物种产生，其成长区易成为单一的加拿大一枝黄花生长区。

恶魔之花
—— 五爪金龙
Ipomoea cairica (L.) Sweet

分类地位：

旋花科 Convolvulaceae；番薯属 *Ipomoea;*

形态特征：

生活型：多年生缠绕草本；

茎：茎细长，有细棱，有时表面有突起；

叶：卵形或椭圆形的裂片形成“手掌状”的掌状叶，中裂片较大，两侧裂片稍小，顶端渐尖或稍钝，具小短尖头，酷似“龙爪”；

花：花冠紫红色、紫色或淡红色、偶有白色，漏斗状，远看形似紫色的“小喇叭”；

种子：种子黑色，长约5毫米，边缘被褐色柔毛。

主要危害：

五爪金龙号称“恶魔之花”，在其霸气的名字和“甜美可爱”的外表下，却隐藏着无限“危机”。

它超强的攀爬能力可以把其他花卉绿植“镇压”在自己身下，让它们看不到阳光，不断掠夺它们的生长资源，对自然系统和人工生态系统破坏十分严重，尤其是在果园、茶园等人工生态系统中蔓延成灾，给农林以及旅游业造成巨大的损失。

植物界的“吸血鬼”——日本菟丝子

Cuscuta japonica Choisy

分类地位：

旋花科 Convolvulaceae；菟丝子属 *Cuscuta;*

形态特征：

生活型：一年生寄生草本；

茎：黄色，茎纤细，远看形似一大团缠绕的黄色毛线；

叶：无叶；

花：穗状花序，长达3厘米，基部常分枝；花无梗或近无梗；苞片及小苞片鳞状卵圆形，长约2毫米；

果：蒴果卵圆形，长约5厘米，近基部周裂。

主要危害：

日本菟丝子别名“金灯藤”，是植物界的“吸血鬼”，“辅助武器”就是它的茎蔓和吸器。

日本菟丝子主要危害植物幼苗和幼树，以其茎蔓缠绕在寄主植物上，不断产生吸器固定并伸入茎、叶内吸取营养。由于日本菟丝子“雪崩式”的繁殖速度，极易把整个树冠覆盖，不仅影响花卉、苗木、叶片的光合作用，而且营养物质被菟丝子所夺取，叶片黄化易落，枝稍干枯，长势衰落，轻则影响植株生长和观赏效果，重则致全株死亡。

杂草之王
—— 空心莲子草
Alternanthera philoxeroides (Martius) Grisebach

分类地位：

苋科 Amaranthaceae；莲子草属 *Alternanthera;*

形态特征：

生活型：一年生或多年生草本；

茎：茎直立或伏卧，水生型空心莲子草成熟时茎中空，髓腔大；

叶：叶对生，全缘，叶片矩圆形、矩圆状倒卵形或倒卵状披针形，长2.5~5厘米，宽7~20毫米，叶柄长3~10毫米；

花：花密生，球形，直径8~15毫米；

果：胞果不裂，边缘翅状，种子凸镜状。

主要危害：

空心莲子草又被称为“杂草之王”，是“水陆通吃”的恶性杂草，抗逆性强，侵入水域可释放大的生殖潜能。

以松散的茎叶抢占生态空间，争夺光、热资源和水体溶解氧，减少生态群落物种的丰富度。

侵入旱地后，植株仍能正常生长，并表现出较强的抗旱能力，对农业、渔业与航运造成极大的危害。

湿地生态杀手
—— 互花米草
Spartina alterniflora（Loisel.）

分类地位：

禾本科 Poaceae；米草属 *Spartina*；

形态特征：

生活型：多年生草本；

茎：茎秆坚韧、直立、粗壮，高可达1~3米，直径1厘米以上；

叶：每节生一叶，叶片交互而生，呈长披针形，具盐腺。上部叶较大，下部叶较小，深绿色或淡绿色，背面有蜡质光泽；

花：圆锥花序，长20~45厘米，由直立的穗状花序组成，小穗侧扁，呈覆瓦状排列，两性花，白色羽毛状柱头；

果：果实无毛或沿脊疏生短柔毛。

主要危害：

互花米草耐盐、耐淹、抗风浪，凭借其生产力高、种群密度高、群落生物量大、竞争性强的特点，在低中潮滩形成“生物堤坝”。破坏近海生物栖息环境，影响滩涂养殖，堵塞航道，影响船只进出港，影响海水交换能力，导致水质下降，并诱发赤潮；威胁本土海岸生态系统，致使大片红树林消失。

蛇蝎美人
—— 水葫芦

Eichhornia crassipes (Mart.) Solms

分类地位：

雨久花科 Pontederiaceae；凤眼莲属 *Eichhornia;*

形态特征：

生活型：浮水草本；

株：高达60厘米；

茎：茎极短，具有淡绿色或带紫色长匍匐枝；

叶：叶片圆形，宽卵形或宽菱形；表面深绿色，光亮，质地厚实，叶柄基部有鞘状苞片，黄绿色，薄而半透明；

花：花瓣紫蓝色，花冠略两侧对称，四周淡紫红色，中间蓝色，在蓝色的中央有一黄色圆斑，形似花朵上的“眼睛”，花被片基部合生成筒；9~12朵花密集生长形成穗状花序；

果：蒴果卵圆形。

主要危害：

水葫芦又被称为“蛇蝎美人”，有着像凤凰般的漂亮“眼睛”，在其艳丽的外表下，却隐藏着“顽劣属性”。水葫芦通过改变生态系统而带来一系列的水土、气候等不良影响，堵塞河道，影响航运；破坏水生生态系统，影响水产品繁殖；滋生蚊蝇，覆盖水面，对水质造成二次污染，影响生活用水；威胁其他生物生长。

表里不一的美人
—— 马缨丹

Lantana camara(L.)

分类地位:

马鞭草科 Verbenaceae; 马缨丹属 *Lantana;*

形态特征:

生活型:直立或蔓性的灌木;

株:高1~2米, 有时藤状, 长达4米;

茎:茎枝均呈四方形, 有短柔毛, 茎上常生长着倒钩刺;

叶:单叶对生, 揉烂后有强烈的气味, 叶片卵形或长圆形, 长3~8.5厘米, 宽1.5~5厘米, 前端尖, 叶的根部心形, 边缘有钝齿, 表面具花纹及短柔毛, 背面具小刚毛;

花:花梗粗, 比叶柄长; 苞片针形; 花萼水管状, 具短齿; 花冠黄或橙黄色, 后期深红色;

果:紫黑色球形, 直径约4毫米。

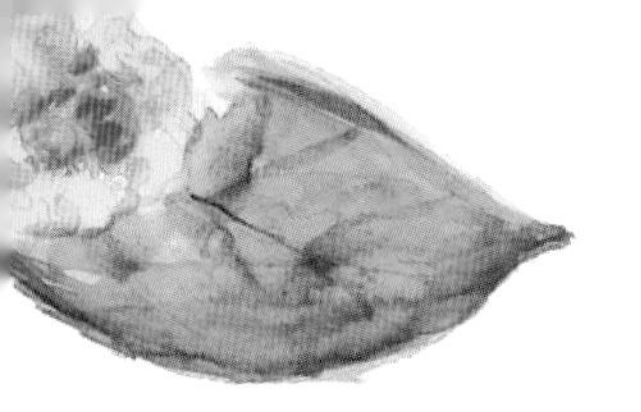

主要危害：

马缨丹，外号又叫“五色梅”，花穗美丽妖艳，但全株都会散发臭味，“只可远观而不可亵玩焉”。

入侵后会使当地的植物种类变少，使物种多样性被破坏，在农田和果园发生则会造成减产。牲畜误食未成熟的马缨丹果实还可引起中毒，茎枝上的倒刺也会刷伤过客。

大破布草
——三裂叶豚草
Ambrosia trifida (L.)

分类地位:

菊科 Compositae; 豚草属 *Ambrosia;*

形态特征:

生活型: 一年生粗壮草本;

株: 高50~120厘米, 有时可达170厘米, 有分枝;

茎: 绿色, 有纵条棱, 茎上生长糙毛, 有时几乎无毛;

叶: 叶对着生长, 有时交错生长, 叶片分裂时, 分裂的叶片针形, 两面生长糙毛, 边缘有窄翅, 被长缘毛;

花: 雄花大多数是头状花序, 花序下垂, 在枝端密集排成总状, 总苞形状似盘子; 雌花的花序在雄花苞片的腋部呈伞状, 总苞倒卵形;

果: 瘦果倒卵形, 无毛, 藏于坚硬的总苞中。

主要危害：

三裂叶豚草在开花季节能产生大量花粉，可导致人过敏，出现打喷嚏、流鼻涕、咳嗽、胸闷、皮肤瘙痒等症状。

大面积侵入农田会造成农作物减产，甚至绝收，并且阻碍农事机械操作，破坏土壤层，造成农田野草的大发生。

植物中的“疯狂杀手”——大薸

Pistia stratiotes (L.)

分类地位：

天南星科 Araceae；大薸属 *Pistia;*

形态特征：

生活型：水生漂浮草本；

茎：茎节间短；

叶：叶片肥厚，叶簇生呈莲座状，叶片常因发育所处时间不同而有差异——倒三角形、扇形、倒卵状，叶脉像小扇子一样往外伸展，背面明显隆起呈折皱状；

花：白色的形似佛焰的花苞，外层生长着茸毛；

果：小的圆形果实，种子数量时多时少。

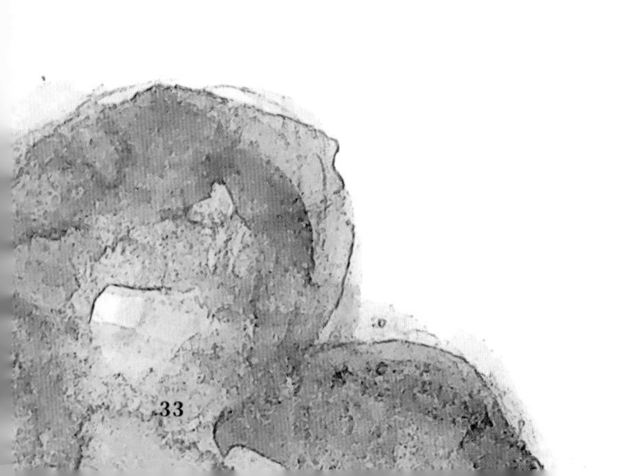

主要危害：

大薸繁殖能力极强，其强大的根系会大量消耗水里的氧气。鱼类及生活在水面下的植物因无法正常呼吸而窒息死亡，危害水生生态系统。

大薸大量繁殖会导致航道堵塞，影响航运和渔业发展，而且大薸死亡后的残体发生腐烂也会对水体造成严重污染。

有毒产胶植物
—— 银胶菊
Parthenium hysterophorus(L.)

分类地位:

菊科 Compositae; 银胶菊属 *Parthenium;*

形态特征:

生活型: 一年生草本;

茎: 茎直立, 高0.6~1米, 有很多分枝, 茎上生长着很多柔毛, 中下位置的叶形似羽毛; 生长在上面位置的叶无柄, 有时呈手指状;

花: 大多数花序是头状的, 在茎的上部排成伞状, 花序梗生长着粗毛, 花苞的形状像钟或半球;

果: 瘦果倒卵形, 黑色, 长约2.5毫米, 被疏腺点。

主要危害：

银胶菊被视为“毒草”，其外表的微细状体含有银胶素，吸入过多可能会造成肝脏及遗传病变。

银胶菊花粉也有毒性，会造成过敏、支气管炎，大量直接接触会引起皮肤发炎、红肿，危害人类的健康。

此外，银胶菊具有较强的繁殖与适应能力，种子在恶劣的环境下处于休眠状态，条件适宜时可快速扩大数量，并能阻止作物和其他植物的生长。

土人参
—— 刺苋
Amaranthus spinosus (L.)

分类地位:

苋科 Amaranthaceae;苋属 *Amaranthus;*

形态特征:

生活型:一年生草本;

茎:直立,圆柱形或棱形,有很多分枝,有竖纹,绿色或带紫色,无毛或有少量的柔毛;

叶:叶片菱状、卵形、针形,顶端圆,有微微凸起的部分,叶靠近茎的部分楔形,边缘光滑完整,无毛或幼时沿叶脉有少量柔毛;

花:生长在茎顶端或茎的分枝根部,花序的形状是圆锥形的,下部生长较高的花穗大部分时候是雄花;在茎分枝处生长的苞片和茎顶端生长的苞片常变成刺,花被片绿色;

果:果实是比较方的近圆形,长1~1.2毫米,中部以下的果实有不规则的横向裂口,被花被包裹着。

主要危害：

刺苋生命力顽强，常大量滋生危害旱作农田、蔬菜地及果园，严重消耗土壤肥力。

刺苋容易传播病毒和昆虫，使果园病虫害发生风险提高。

刺苋还会伤害人和动物，清除也比较困难。

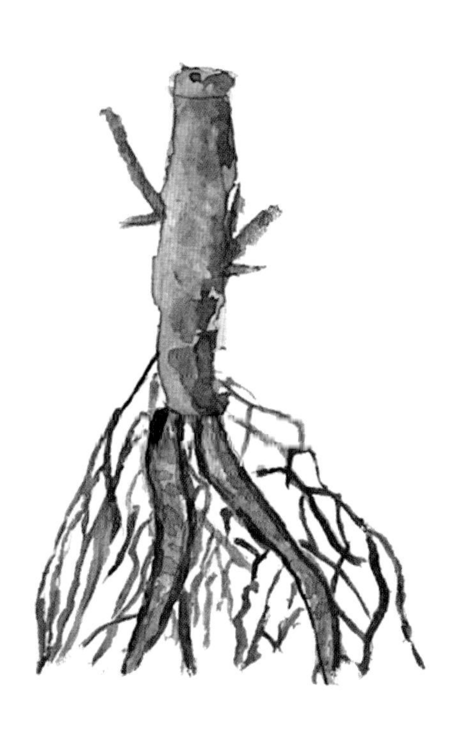

猫腥味杂草
—— 假臭草

Praxelis clematidea (Griseb.) R. M. King & H. Rob.

分类地位：

菊科 Compositae；假臭草属 *Praxelis;*

形态特征：

生活型：一年生或短命的多年生草本；

茎：直立，被长绒毛，高0.3~1米，多分枝；

叶：叶对着生长，叶长2.5~6厘米，宽1~4厘米，卵圆形或菱形，叶子上有透光能看到的透明点，里面含有的物质能够保护自身；叶子的边缘像牙齿印一样，头部形状尖锐，尾部圆形，揉搓叶片可闻到类似猫尿的刺激性味道；

花：花状花序生于茎、枝端，总苞长筒形或钟形；

果：果实暗褐色至黑色，扁状长条形。

主要危害：

假臭草的入侵性极强，常常形成密集结构，导致比它矮的植物很难生长。慢慢地，假臭草周围就没有其他植物生长了，对生物多样性很不友好。

假臭草对土壤的营养吸收能力很强，能把土壤的营养都吸走，还能分泌一种有毒且恶臭的物质，影响小鸟和其他小动物觅食。

旱地毒株
—— 长芒苋

Amaranthus palmeri (S.) Watson

分类地位:

苋科 Amaranthaceae;苋属 *Amaranthus;*

形态特征:

生活型:一年生草本;

茎:直立,粗壮,绿黄色或浅红褐色,无毛或上部生长疏松的短柔毛,茎上的分枝斜着生长或水平生长;

叶:叶片无毛,全绿,卵形至菱状,常有小突尖,叶基部楔形;

花:茎的上部和侧枝的顶端生长有花序,花序是直的或有一点点弯曲,长在侧枝的花序比较短,呈短圆柱状或者头状,苞片针形,苞片尖端形状像刺;

果:近球形,果皮上部有些许皱纹。

主要危害：

长芒苋适生性较强，能危害热带、亚热带地区的绝大多数作物，并与它们争夺生长空间和营养，导致作物严重减产，产品品质降低。

长芒苋很容易形成优势群落，对生物多样性和生态环境起破坏作用。同时，长芒苋植株富含硝酸盐，动物过量采食后会中毒。

野麦子
—— 节节麦
Aegilops tauschii (Coss)

分类地位：

禾本科 Poaceae；山羊草属 *Aegilops;*

形态特征：

生活型：一年生草本；

茎：少部分的秆生长为一丛，高20~40厘米；

叶：茎外有一层叶鞘包裹着，叶无毛，但是边缘有又长又细的毛，叶鞘基部的结构叫叶舌，它的质地像薄膜一样，长0.5~1毫米；叶片宽约3毫米，有一点粗糙，上面长有柔毛；

花：很多花构成圆柱形的花序，穗轴有一点凹陷，成熟时逐节断掉并掉落，小穗圆柱形，生长在穗轴凹陷的地方；

果：长圆形，果实前端是平的或者有2齿，齿是比较钝的圆头形状。

主要危害：

节节麦与小麦长得很像，常混迹在小麦田中难以发现，繁殖和对新环境的适应能力强，防治困难。
节节麦会争夺小麦的营养和空间，造成小麦减产；还会混入粮食中，导致粮食品质下降。

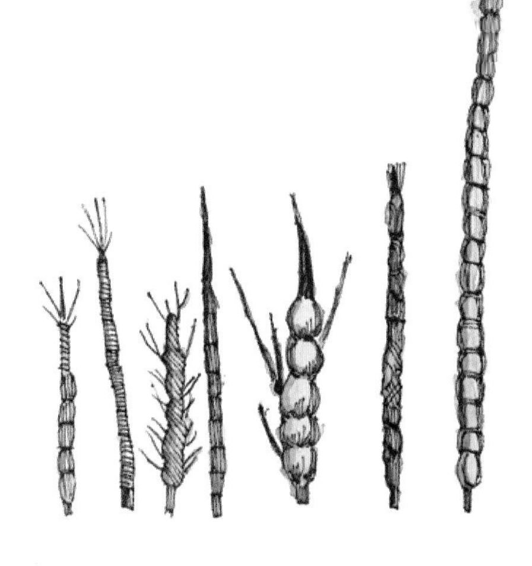

碰不得的“绝命毒师”
—— 刺萼龙葵

Solanum rostratum (Dunal)

分类地位：

茄科 Solanaceae；茄属 *Solanum;*

形态特征：

生活型：一年生草本；

茎：直立，基部稍木质化，自中下部多分枝，密被长短不等带黄色的刺，刺长0.5~0.8厘米；

叶：对着间隔生长，叶片卵形或椭圆形，有一至二回羽状半裂，近基部通常羽状全裂；

花：好几朵黄色的花构成小伞一样的形状，包裹着花冠筒的结构叫花萼筒，刺萼龙葵之所以叫这个名字，是因为它的花萼筒上面长有很多刺；

果：果实球形，开始为绿色，成熟后变为黄褐色或黑色。

主要危害：

刺萼龙葵适应性强，耐瘠薄、干旱，常生长于荒地、草原、河滩和过度放牧的牧场，也能侵入农田、果园中。

其竞争能力强，可严重抑制其他植物生长，常形成大面积单一群落，破坏当地生物多样性。

它全株密被刺毛，还含有3种高毒性的物质，并且它的刺能轻易地伤害到其他生物，引发中毒。轻者呼吸困难、身体虚弱和全身颤抖，严重的会发生肠炎、出血、身体抽搐甚至死亡的现象。

此外，其果实也会严重影响绵羊的羊毛产量。

有毒胭脂花
—— 齿裂大戟
Euphorbia dentata (Michx)

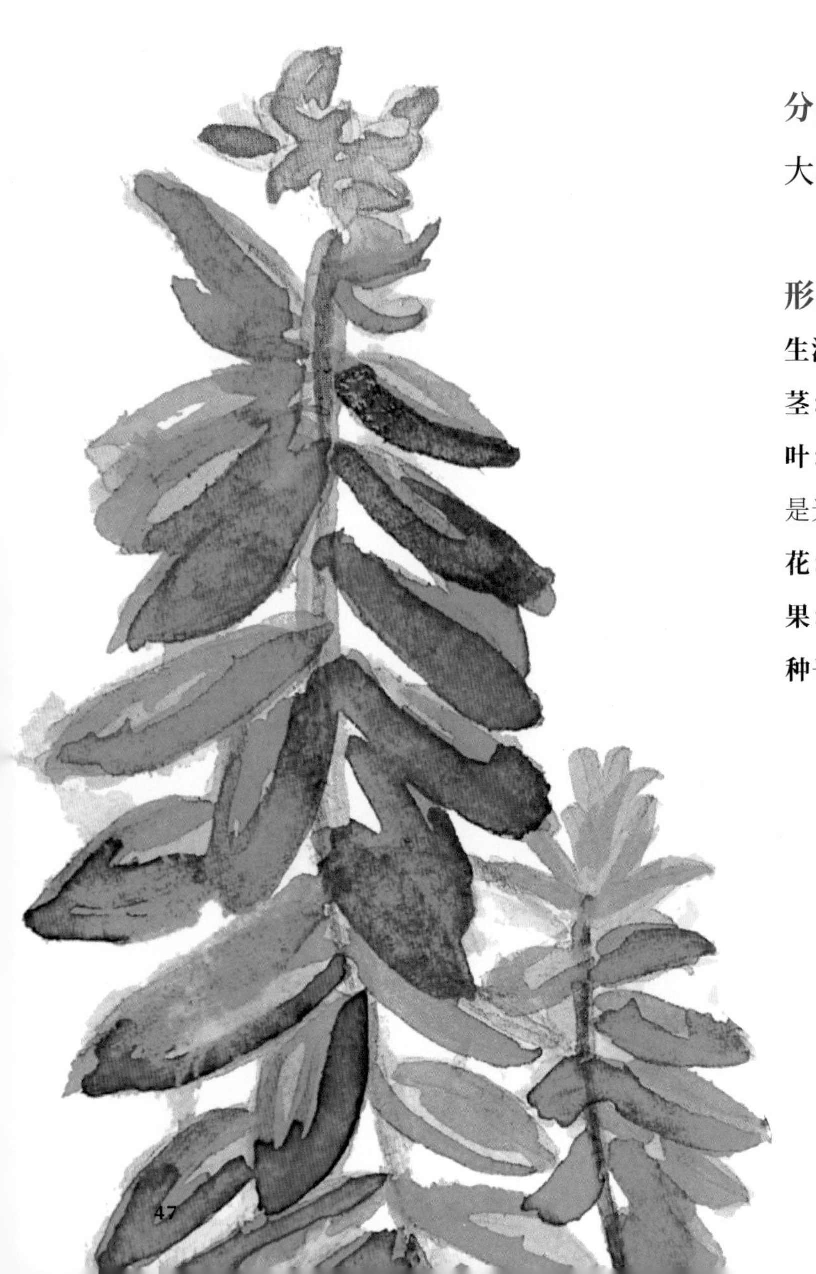

分类地位：

大戟科 Euphorbiaceae；大戟属 *Euphorbia;*

形态特征：

生活型：一年生草本；

茎：单一，高达15~70厘米；

叶：叶对生，线形至卵形，少部分披针形，前端比较尖锐，后端比较圆钝，叶的边缘是光滑的，叶子两面无毛或有时下面具柔毛；

花：每个花枝再生出二分枝，无花梗，总苞杯状，大多数是雄花；

果：果实球形，稀疏分布的突起形似瘤子；

种子：种子卵圆形，暗褐色，腹面具浅色条纹。

主要危害：

齿裂大戟具有较强的繁殖能力，种子很容易发芽，容易赶走周围生长的植物或抑制周围植物的生长，也非常容易传播扩散。它的体内具白色有毒的乳汁，茎叶折断后，乳汁就会流出，使得某一环境中生物种类数目减少，危害动植物健康。

酸竹筒
—— 虎杖
Reynoutria japonica (Houtt)

分类地位：

蓼科 Polygonaceae；虎杖属 *Reynoutria;*

形态特征：

生活型：多年生草本；

茎：直立，丛生，基部木质化，散生红色或紫红色斑点；

叶：叶有短柄，宽卵形或卵状椭圆形，顶端有短骤尖，基部圆形或楔形；托叶鞘膜质，褐色，早落；

花：单性，雌雄异株，呈腋生的圆锥状花序，花梗细长，中部有关节；

果：瘦果椭圆形，黑褐色，有棱。

主要危害：

虎杖的入侵威胁着开阔河岸地区，在那里它迅速扩散并密集繁殖，与原生植被竞争进而取代原生植被并阻止其再生，大大减少了物种多样性并改变了野生动物的栖息地。其枯茎和落叶分解非常缓慢，形成深层有机层，阻止本地种子发芽并改变自然演替。

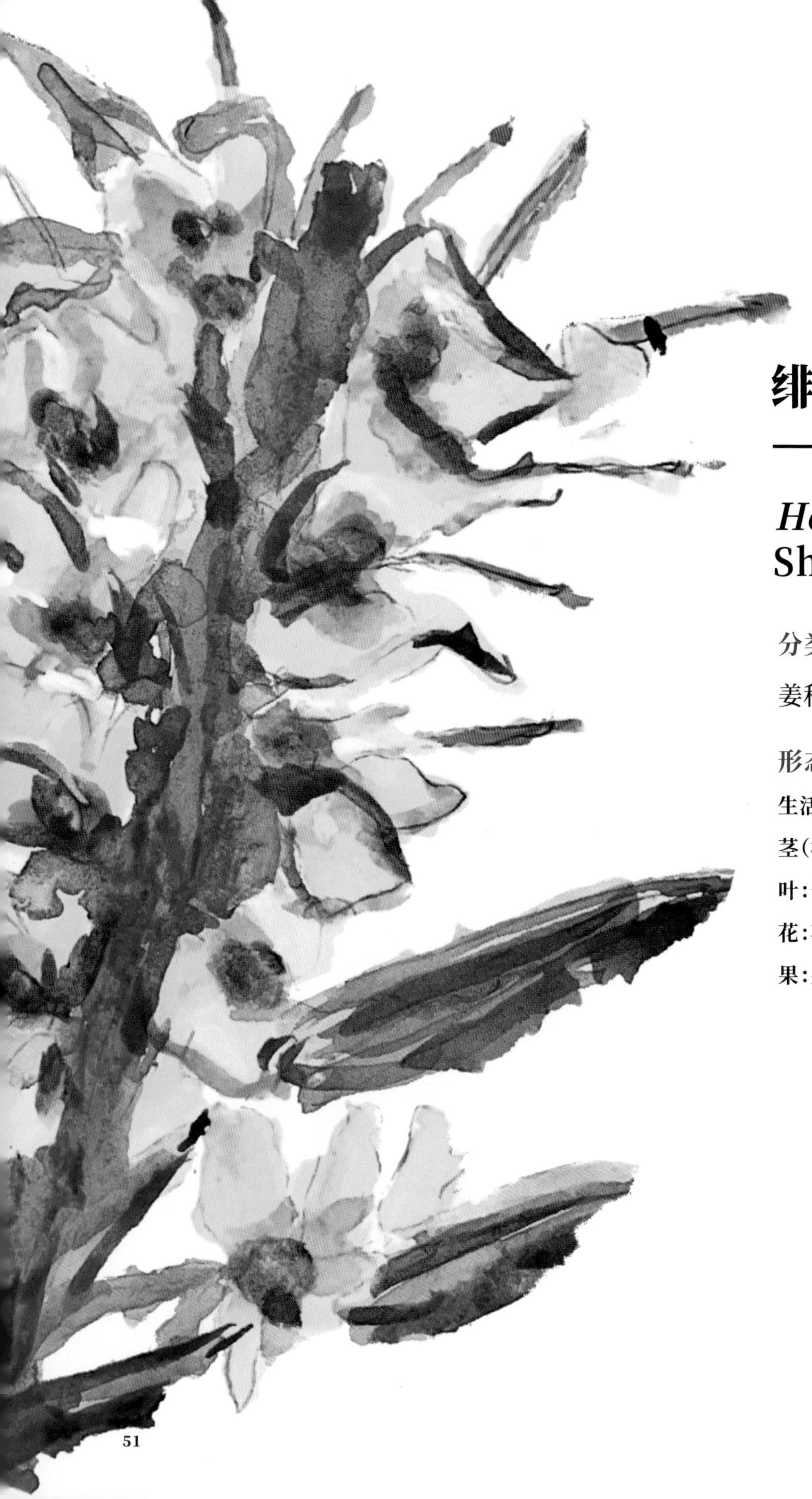

绯红阔叶美人
—— 金姜花

Hedychium gardnerianum Sheppard ex Ker Gawl.

分类地位：

姜科 Zingiberaceae; 山姜属 *Hedychium;*

形态特征：

生活型：多年生草本；

茎（株）：植株高1~2米；

叶：长椭圆形，尖端较尖，近无柄，叶片背部有稀疏的短柔毛；

花：花瓣金黄色，花丝红色，生长于植株顶端；

果：果实为它的块状根茎，粗约1.5厘米。

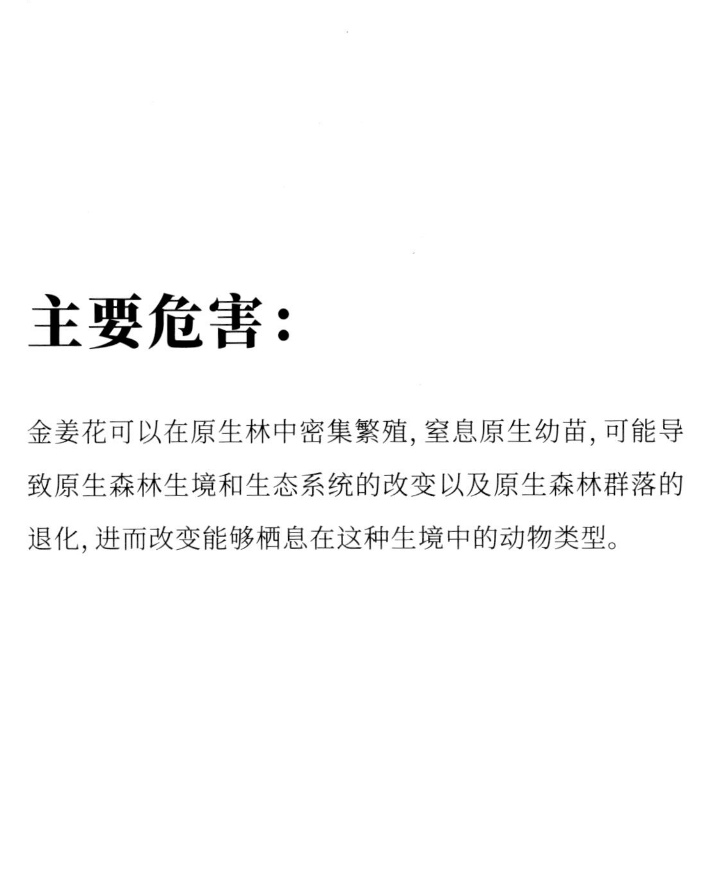

主要危害：

金姜花可以在原生林中密集繁殖，窒息原生幼苗，可能导致原生森林生境和生态系统的改变以及原生森林群落的退化，进而改变能够栖息在这种生境中的动物类型。

镜像花柱植物
—— 风筝果
Hiptage benghalensis (L.) Kurz

分类地位:

金虎尾科 Malpighiaceae; 风筝果属 *Hiptage;*

形态特征:

生活型:多年生常绿藤状灌木;

叶:长圆形、椭圆状长圆形或卵状披针形, 先端渐尖, 基部阔楔形或近圆;

花:花生长在顶端或茎分枝处, 上面有淡黄褐色柔毛, 花梗密被黄褐色短柔毛, 中下部有关节, 有小苞片, 花柱拳曲状;

果:果实为翅果, 中翅椭圆形或倒卵状披针形。

主要危害：

风筝果是澳大利亚热带雨林中的一种恶性杂草，对毛里求斯和留尼汪岛具有极大的侵入性，可以形成难以穿透的灌木丛，窒息原生植被，破坏本地植物群落。

完美杂草
—— 白茅

Imperata cylindrica (L.) Beau

分类地位:

禾本科 Poaceae; 白茅属 *Imperata;*

形态特征:

生活型:多年生草本;

茎:直立, 粗壮, 高30~80厘米, 具1~3节, 节无毛;

叶:叶鞘在秆的底部聚集生长, 质地较厚, 老后破碎呈纤维状;

花:圆锥花序稠密, 小穗长4.5~5毫米, 基盘具丝状柔毛;

果:果实椭圆形, 长约1毫米。

主要危害：

白茅根茎发达，不仅可以快速繁殖，还可以产生化感性根部渗出物，抑制其他植物的发芽和生长，及其他物种的生长，威胁濒危物种生存。

白茅具有更大燃料负荷，使火灾具有更高的最高温度，大大提高入侵地植被火灾致死率。

苦丁茶
—— 粗壮女贞

Ligustrum robustum (Roxb.) Blume

分类地位：

木樨科 Oleaceae；女贞属 *Ligustrum;*

形态特征：

生活型：灌木或小乔木；

株：株高1~10米，树皮呈灰褐色；

枝：灰色至褐色，无毛，树枝上多生小孔，具微柔毛；

叶：椭圆状披针形或披针形，稀椭圆形或卵形，叶柄疏被短柔毛或近无毛，上面具深而窄的沟；

花：花顶生，长5~15厘米，宽3~11厘米，花序轴及分枝稍扁或近圆柱形；

果：倒卵状长圆形或肾形，弯曲，呈黑色。

主要危害：

粗壮女贞是马斯卡林群岛上最具入侵性的引进植物物种之一，其强大的入侵性部分归因于其茂密的叶子，这减少了到达森林地面的光，阻止了有光照要求的植物再生。

粗壮女贞还可能通过影响养分和水循环来改变森林的结构和组成，与本地物种争夺空间和养分，取代它们并影响演替模式。

凶悍的水枝柳——千屈菜

Lythrum salicaria L.

分类地位:

千屈菜科 Lythraceae;千屈菜属 *Lythrum;*

形态特征:

生活型:多年生草本;

株:青绿色,略被粗毛或密被茸毛,高约1米;

茎:根茎粗壮,直立,多分枝;

叶:叶对着生长或三片生长一圈,形状细长,叶基部圆或心形,无柄;

花:花呈一簇的方式生长,花梗短,花基部的小片呈苞片宽披针形或三角状卵形。

主要危害：

千屈菜生命力极强，可以迅速覆盖大面积的湿地，只要它所到之处，本地草木和一些开花植物就会成为竞争的失败者。由于湿地的生态体系比较脆弱，千屈菜可能使每个物种的关系改变，导致水鸟等动物的生存危机，比如食物紧缺和栖息地萎缩。

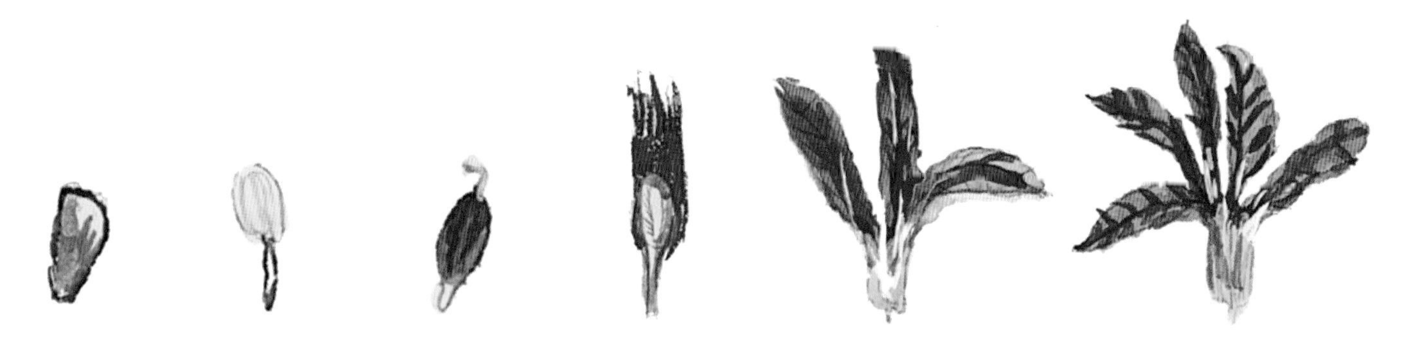

美丽杀手
—— 含羞草
Mimosa pigra L.

分类地位：

豆科 Fabaceae；含羞草属 *Mimosa;*

形态特征：

生活型：多年生草本或亚灌木；

叶：叶片似羽毛状相对生长，呈掌状排列，常很敏感，触之即闭合而下垂；

花：花小，为白色、粉红色，组成稠密的球形头状花序或圆柱形的穗状花序，形状似绒球。

果：荚果为扁平的长圆形，稍弯曲，长1~2厘米，宽约5毫米，荚缘呈波状，有刺毛。

主要危害：

含羞草的花朵美丽且叶片被触碰后会神奇地快速合拢, 因此, 至今仍广受家庭养花爱好者们的喜爱。但它“可爱”的外表下却深藏剧毒。动物误食后, 会出现甲状腺肿大、流涎、脱毛、生长发育迟缓、生产性能下降、生育力减退、消瘦、体衰、步态失调直至死亡等多种中毒反应。人若误食后也会导致头发脱落。因此, 含羞草又被称为“美丽杀手”。

刺毛团扇子
—— 缩刺仙人掌
Opuntia stricta (Haw.) Haw.

分类地位：

仙人掌科 Cactaceae；仙人掌属 *Opuntia;*

形态特征：

生活型：丛生肉质灌木；

茎：高1~3米，茎较厚，上部分枝宽呈倒卵状椭圆形或近圆形，边缘为不规则波状；

花：花托倒卵形，瓣状花被片呈倒卵形或匙状倒卵形；

果：果实紫红色，内有暗刺的核，种子多，呈扁圆形，淡黄褐色。

主要危害：

缩刺仙人掌又称“刺毛团扇”，是澳大利亚有史以来最严重的入侵杂草，在南非也是侵入性的杂草。其繁殖能力极强，既能有性繁殖又能无性繁殖，还可以通过动物取食其果实，进行远距离传播。

最关键的是其鲜有天敌，能在短时间内扩繁并占据大面积土地，挤压其他生物的生存空间，严重影响生物多样性。

绿色恶魔
——葛麻姆

Pueraria montana var. lobata (Willd.) Sanjappa & Pradeep

分类地位：

豆科 Fabaceae；葛属 *Pueraria;*

形态特征：

茎：基部木质，有粗厚的块状根；

叶：卵状长圆形，先端渐尖，基部近圆，侧生小叶稍小而偏斜，两面均被长柔毛，下面毛较密；

花：花轴不分枝，较长，自下而上依次着生许多有柄小花，花密，内外面均有黄色柔毛；花冠紫红色，长约1.5厘米；

果：荚果长椭圆形，扁平，密生黄色长硬毛。

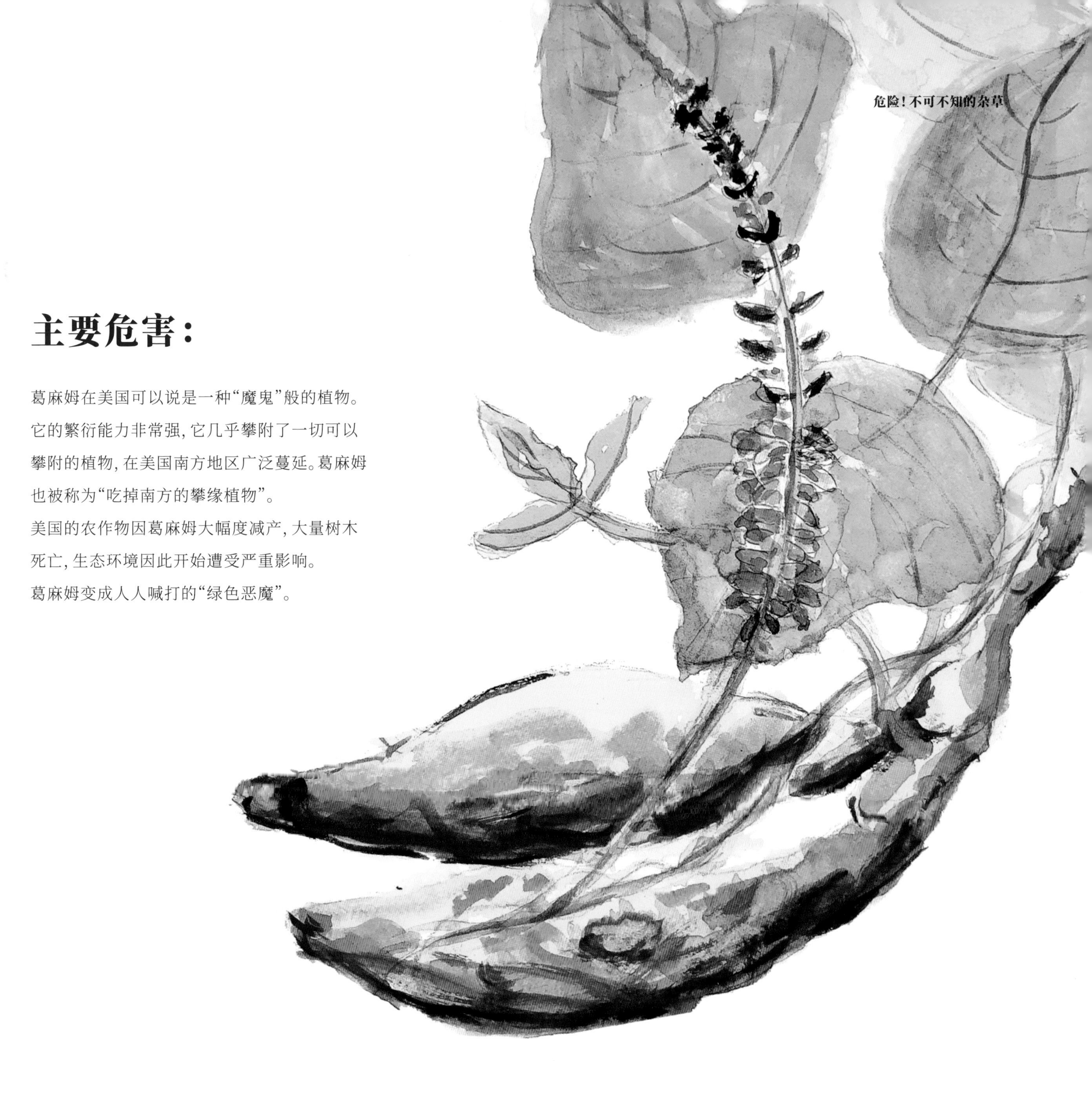

主要危害：

葛麻姆在美国可以说是一种“魔鬼”般的植物。它的繁衍能力非常强，它几乎攀附了一切可以攀附的植物，在美国南方地区广泛蔓延。葛麻姆也被称为“吃掉南方的攀缘植物”。

美国的农作物因葛麻姆大幅度减产，大量树木死亡，生态环境因此开始遭受严重影响。

葛麻姆变成人人喊打的“绿色恶魔”。

海洋生物杀手
——大米草

Spartina anglica C.E. Hubb.

分类地位：

禾本科 Poaceae；米草属 *Spartina;*

形态特征：

生活型：多年生直立草本植物；

茎：秆直立，分枝多而密聚成丛，高0.1~1.2米，无毛；

叶：叶鞘多长于节间，无毛，基部叶鞘常撕裂成纤维状，叶舌具白色纤毛；叶片线形，长约20厘米，宽0.8~1厘米；

花：穗状花序长7~11厘米，劲直而靠近主轴，先端常延伸成芒刺状，穗轴具3棱，无毛；

果：果实圆柱形。

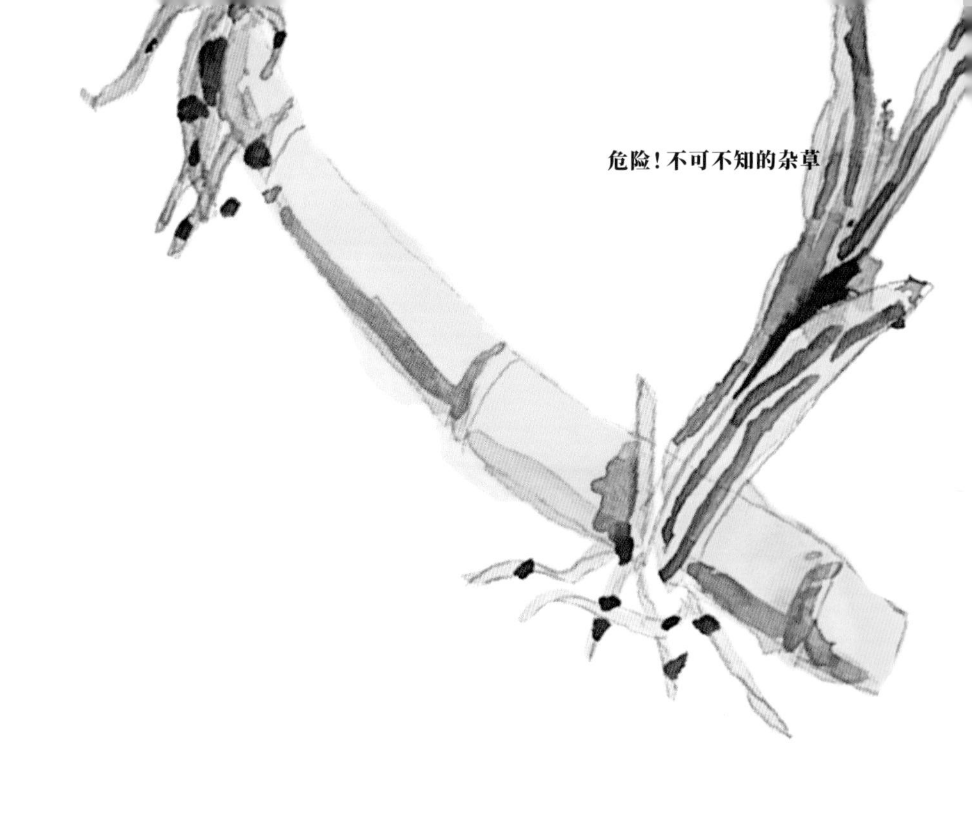

主要危害：

大米草繁殖能力强、根系发达，可通过不断蚕食空间，导致贝类、蟹类、鱼类及藻类等多种生物窒息死亡。

大米草还会占用渔民赖以生存的滩涂资源，破坏原有海域生态环境，导致沿海水产资源锐减，海洋生物多样性削降。

外来的穿地龙
—— 南美蟛蜞菊

Sphagneticola trilobata (L.) Pruski

分类地位：

菊科 Asteraceae；蟛蜞菊属 *Sphagneticola;*

形态特征：

生活型：多年生草本植物；

茎：茎横卧地面，茎上部近直立，长可达2米以上；

叶：相对生长，椭圆形，叶上有3裂；

花：黄色，头状花序，花朵呈放射状排列于花序四周，筒状花紧密生于内部；

果：果实倒卵形，上面密被短柔毛。

主要危害：

南美蟛蜞菊被称作“外来的穿地龙”，它“能屈能伸”，适应力极强，既能耐盐碱，又能耐旱或耐湿。喜好干热环境，其发达的匍匐茎节可以迅速生根，形成密集的地面覆盖物，占领新生境，排挤本地植物，成为“当地霸主”，降低植物的物种多样性和丰富度。